Annie Groovie

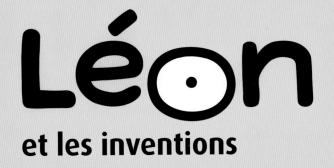

Léon
et les inventions

la courte échelle

Introduction

On pense souvent que les inventeurs sont des génies qui réfléchissent pendant des heures et des heures pour trouver une idée. C'est possible. Mais une bonne idée peut aussi apparaître par hasard lorsqu'on observe ce qu'il y a autour de nous, tout simplement. La nature, par exemple, est très inspirante : savais-tu que, si le velcro existe, c'est grâce à une plante ? En créant ce livre, j'ai découvert des histoires vraiment fascinantes. Tu seras surpris, toi aussi, de voir comment sont nées toutes ces choses que tu utilises chaque jour.

Pour t'aider à situer ces inventions dans le temps, je les ai placées en ordre chronologique, c'est-à-dire de la plus ancienne à la plus récente. Tu remarqueras qu'elles ne datent pas toutes de la préhistoire ! Peux-tu imaginer un monde sans miroir ni automobile ? Pourtant, cette époque n'est pas si lointaine...

Je te laisse maintenant dévorer ces histoires passionnantes qui, je l'espère, te donneront le goût d'inventer quelque chose à ton tour. Car même si on pense que tout a été fait, on peut toujours avoir de bonnes idées. Ainsi, si ça t'arrive, tu pourras t'écrier : « Eurêka* ! »

* Eurêka : mot grec qu'on emploie lorsqu'on trouve subitement une solution ou une bonne idée.
   Ça signifie : « J'ai trouvé ! »

Tut, tut, tut...

LA FLÛTE À BEC [1750]

La flûte est l'un des plus vieux instruments de musique. Les premiers modèles retrouvés datent d'il y a environ 35 000 ans ! À cette époque, les hommes des cavernes la taillent dans des tiges de plantes rigides, des os d'animaux et même des défenses de mammouth. Elle n'a alors que trois ou cinq trous. Plus tard, d'autres flûtes, comme la flûte traversière, apparaissent et lui volent la vedette. On va donc l'oublier pendant presque 200 ans, jusqu'à ce qu'un musicien français passionné de musique ancienne la fasse revivre. Il se met à en fabriquer et à en jouer, et grâce à cela, elle retrouve sa popularité. Yé !

LE SHAMPOING [1759]

Après avoir fait la guerre, un soldat indien décide de quitter l'armée et d'aller vivre en Angleterre. Pour gagner sa vie, il ouvre un spa où les gens peuvent se détendre dans des bains de vapeur. En même temps, ils s'y font masser la tête avec du « champi », un produit à base de plante indienne dont les fleurs sentent vraiment bon. Voyant cela, les coiffeurs du coin se mettent à en fabriquer, à leur façon, en faisant bouillir dans de l'eau des morceaux de savon et des plantes. Cette nouvelle recette rend les cheveux si brillants et parfumés que tout le monde en veut ! On commence alors à en vendre dans les rues de Londres, puis partout ailleurs.

Hummmmm...

LE SANDWICH (1762)

Si l'on se fie à l'histoire la plus connue, c'est pendant une partie de cartes que le comte de la ville de Sandwich, en Angleterre, invente le sandwich. Ne voulant pas s'arrêter de jouer pour dîner, il demande à son cuisinier de lui servir du bœuf salé entre deux tranches de pain bien beurrées. Comme ça, il gagne du temps pour jouer davantage. Certains affirment plutôt que le comte, très occupé, avait imaginé ce mets pour pouvoir manger en travaillant, tout simplement. Peu importe, ce qui compte c'est que, grâce à lui, on peut maintenant se faire de bons lunchs !

LE CASSE-TÊTE [1767]

Alors qu'il cherche un moyen facile de faire apprendre la géographie aux enfants, un cartographe anglais a l'idée du premier casse-tête. Comme son métier est de dessiner des cartes géographiques, il colle une carte du monde sur une planche de bois et y découpe le contour de chacun des pays avec une petite scie. Son nouveau jeu, à la fois éducatif et amusant, est aussitôt utilisé dans les écoles. Plus tard, on le modifiera en variant les images et les formes, et en augmentant le nombre de morceaux. Après tout, il faut bien se casser un peu la tête pour les assembler, non ?

LES CLOWNS (1770)

Les premiers clowns font leur apparition dans les cirques de chevaux. Afin de rendre le spectacle plus amusant, on demande à de jeunes fermiers qui ne savent pas du tout monter à cheval de divertir le public entre les numéros. Ces garçons, en plus d'être maladroits, sont mal habillés (disons qu'ils font un peu pitié comparés aux cavaliers). Ils essaient de grimper sur les chevaux ou de les attraper, sans succès. Les gens rient en voyant ces bouffons tomber et courir dans tous les sens. Avec le temps, ces jeunes fermiers sont remplacés par des comédiens bien costumés qui créent leurs propres numéros comiques, pour notre plus grand plaisir. Hi! hi! hi!

LE CRAYON À MINE (1795)

Au début, les mines de crayon sont faites en graphite, un minéral foncé découvert en Angleterre. Celui-ci laisse une si belle trace noire sur le papier qu'il devient vite plus populaire que l'encre. Pourquoi ? Parce que le graphite s'efface, lui, et même avec un simple morceau de pain ! Par contre, il casse facilement et salit les doigts... Hum... Heureusement, un jour, alors que le précieux minéral noir se fait rare, un peintre français trouve une solution : il le mélange avec de l'argile. Il les fait ensuite fondre ensemble et coule le tout dans un petit cylindre en bois afin de ne plus se tacher les doigts. Tadam !

LA BANDE DESSINÉE (1827)

C'est en s'amusant dans son temps libre qu'un professeur et écrivain suisse invente la bande dessinée. Il se met alors à raconter des histoires à l'aide d'images qu'il nomme « histoires en estampes ». Dans ses « bandes dessinées », il n'y a pas encore de bulles, mais les scènes sont séparées par des cases sous lesquelles il écrit quelques phrases. Au début, il ne les crée que pour son propre plaisir. Ce n'est que des années plus tard qu'il décide de les publier. À partir de ce moment-là, d'autres artistes commencent à l'imiter, et les bandes dessinées font rapidement le tour du monde dans les revues et les journaux...

LE MIROIR (1835)

As-tu déjà aperçu le reflet de ton visage sur la surface de l'eau? Eh bien, voilà la toute première forme de miroir! C'est à partir de cette expérience qu'on décide plus tard de reproduire le même effet avec du métal qu'on polit jusqu'à ce qu'il brille. Ça fonctionne, même si le résultat n'est pas super (c'est un peu comme si tu te regardais dans une cuillère...). Mais, à cette époque, on ne connaît rien d'autre, donc on ne s'en plaint pas. Un jour, un chimiste allemand recouvre le derrière d'une plaque de verre avec un métal argenté et crée ainsi un vrai miroir. Grâce à lui, on peut enfin se voir bien clairement! T'imagines-tu, un seul instant, vivre sans jamais pouvoir te regarder? Ça fait réfléchir...

LA GOMME À MÂCHER [1848]

La gomme à mâcher vient de très loin : dès la préhistoire, les hommes des cavernes mâchent de la sève de conifères pour muscler leurs mâchoires et pour se calmer. C'est seulement des milliers d'années plus tard qu'on commence à en fabriquer pour en vendre. Dorénavant, tout le monde peut en mâcher. Au début, cette « gomme » est simplement faite de sève d'épinette. Puis, on l'améliore en y ajoutant une matière élastique (semblable à du caoutchouc) provenant d'un arbre et du sirop pour créer un bien meilleur goût. Aujourd'hui, elle se vend en plusieurs saveurs et couleurs, et elle est beaucoup plus sucrée ! Miam-miam !

LES CHIPS (1853)

Un midi, le chef cuisinier d'un grand hôtel américain reçoit un client vraiment difficile : ce dernier se plaint que ses frites sont trop épaisses ! Un peu insulté, le chef les coupe en deux et les lui retourne. Le client n'est toujours pas satisfait... Le chef décide alors de lui donner une petite leçon en les tranchant le plus finement possible et en y ajoutant une grosse poignée de sel. « Tiens, essaie ça pour voir ! » se dit-il. Or, à sa grande surprise, le client adore ça. Ces croustilles sont aussitôt inscrites au menu du restaurant et deviennent si populaires qu'un certain M. Lay invente une machine à chips. Quelle histoire croustillante !

LA CASQUETTE [1860]

Les premiers joueurs de baseball ne portent pas de casquettes, mais plutôt des chapeaux de paille pour se protéger les yeux du soleil. Cependant, la paille est un peu raide et n'absorbe pas vraiment la sueur... On crée donc un modèle en laine et, tant qu'à y être, on repense aussi la forme en s'inspirant des casquettes de jockeys*, avec une visière à l'avant. Ce sont les Excelsiors de Brooklyn, une équipe de baseball de New York, qui utilisent cette nouvelle casquette pour la première fois. Ensuite, on allongera la visière pour encore mieux se protéger du soleil. Aujourd'hui, tout le monde porte une casquette, pas seulement les joueurs de baseball !

* Jockey : personne qui fait des courses de chevaux, cavalier.

Yeah!

LES JEANS [1873]

L'aventure commence lorsqu'un certain Levi Strauss ouvre un magasin de tissus à San Francisco. Un de ses bons clients, un couturier, lui en achète souvent pour confectionner des vêtements de travail. Cependant, il y a un petit problème : on se plaint que les poches des pantalons se déchirent facilement... Le couturier les renforce donc avec de petits anneaux de métal qui les rendent si résistants que tous les travailleurs en veulent ! Il pense alors démarrer son entreprise mais, comme il n'a pas assez d'argent, Levi Strauss s'associe avec lui. Plus tard, ces pantalons appelés « jeans » deviennent à la mode grâce à des vedettes tel Elvis Presley, qui les portent fièrement. *Yeah !*

Tadam !

LES POUBELLES [1884]

Pendant longtemps, l'être humain n'utilise que des matières naturelles qui ne créent pas de déchets durables et nocifs. Mais, dès que des produits sont fabriqués en usine, les choses changent. Après s'être servi de ces produits, on ne sait trop quoi en faire et on les jette dans la rue. Imagine le paysage... et l'odeur ! Beurk ! Tanné de voir ces ordures traîner partout, Eugène Poubelle, un responsable de la Ville de Paris, fait adopter une loi obligeant les citoyens à les mettre dans des contenants. Puis, il organise un système de cueillette afin que la ville reste saine et propre. C'est donc en son honneur que ces contenants à déchets portent aujourd'hui son nom.

Vroum, vroummm...

L'AUTOMOBILE (1885)

La voiture munie d'un moteur à essence comme celle que l'on connaît aujourd'hui fait son apparition en Allemagne grâce à Karl Benz. À cette époque, elle n'a que trois roues et atteint 16 kilomètres à l'heure, soit la vitesse à laquelle on se déplace en vélo ! Comme c'est nouveau, les gens ne lui font pas trop confiance et n'osent pas l'acheter. La femme de M. Benz a alors l'idée de montrer à quel point cette voiture est fiable en la conduisant sur une longue distance sans arrêt. Tout se passe bien, la voiture se rend à destination, mais il faut la pousser dans les côtes... Oups ! Léger détail...

LE LAVE-VAISSELLE (1886)

Josephine Cochrane, une riche Américaine, est si fortunée qu'elle peut se payer des servantes pour faire sa vaisselle. Chanceuse! Par contre, elles ne sont pas très délicates et brisent souvent ses belles assiettes de porcelaine. Découragée, Mme Cochrane se met à les laver elle-même. La tâche étant plus pénible qu'elle le pensait, elle décide de patenter un lave-vaisselle maison. Elle dépose ses assiettes au fond d'un gros chaudron qu'elle fait tourner à l'aide d'un moteur. Au même moment, un jet d'eau savonneuse est projeté sur la vaisselle. Voilà, il s'agissait d'y penser. Merci Josephine!

Vive la pizza !

LA PIZZA MARGHERITA [1889]

En voyageant dans son pays, l'Italie, la reine Margherita aperçoit des gens en train de manger un pain rond et plat. Curieuse, elle demande qu'on lui en apporte. Elle aime tellement ça qu'elle se met à en dévorer partout, même avec les paysans dans les villages. Cela fait jaser, car ce n'est pas très bien vu qu'une reine mange la nourriture du peuple... À son retour, elle engage un chef pour qu'il vienne lui en préparer dans son palais. C'est alors qu'il crée, en son honneur, une pizza aux couleurs du drapeau italien, en garnissant la pâte de tomates (rouge), de fromage mozzarella (blanc) et de basilic (vert). La pizza margherita deviendra bientôt l'un des mets les plus populaires d'Italie !

LE BASKETBALL (1891)

Le basketball a été inventé par un Canadien, James Naismith, de l'Ontario, il y a 120 ans !
L'histoire se déroule aux États-Unis, où il enseigne l'éducation physique à des élèves un
peu difficiles... Comme c'est l'hiver, il doit trouver une manière de les stimuler en les faisant jouer à l'intérieur. Pas évident ! C'est à ce moment qu'il a l'idée de clouer deux paniers
à fruits sur les murs du gymnase, dans lesquels les jeunes devront lancer un ballon. Très
vite, ce jeu fait fureur et, plus tard, pour l'améliorer, le concierge de l'école sciera le fond
des paniers. Tu parles d'une bonne idée !

LES CÉRÉALES
AUX FLOCONS DE MAÏS (1894)

Parfois, une invention arrive par accident, comme celle-ci: John Kellogg, médecin et directeur d'hôpital, travaille aussi avec son frère, qui l'aide à créer des aliments sains pour ses patients. Un jour, ils font cuire du blé et oublient ensuite de le ranger au frigo. Oh... il a tout séché! Ils tentent donc de le récupérer en l'écrasant pour en faire une pâte plate, mais le blé est si sec qu'ils obtiennent plutôt des flocons croustillants. «Tiens, pourquoi ne pas les tester avec du lait et des guimauves?» pensent-ils. Eh bien, ils ont vu juste. Les patients aiment tellement ça que les frères Kellogg refont la recette avec du maïs. C'est ainsi que les Corn Flakes voient le jour!

Sluuuurp...

LE POPSICLE (1905)

Crois-le ou non, c'est à un Américain de 11 ans qu'on doit l'invention du popsicle ! Comment réussit-il cet exploit ? D'abord, il se prépare une boisson avec une poudre aux fruits qu'il verse dans un verre d'eau. Il prend ensuite un bâton et va dehors pour mélanger le tout. Avant même d'avoir fini de boire, il oublie son verre sur le balcon et rentre dans la maison. Cette nuit-là, la température est plus froide que d'habitude : à son réveil, sa boisson a gelé, et le bâton est resté pris dedans ! Cela le fait sourire et, fier de son coup, il s'empresse de le montrer à ses amis. Ce matin-là, il ne le sait pas encore, mais il vient de créer le premier popsicle, rien de moins !

Grrrrrrrrr...

LA TAPETTE À MOUCHE (1905)

Avant l'arrivée de la tapette à mouche, on écrasait les insectes avec ses mains. Puis, on se met à attacher des mèches de queue de cheval à un manche, qu'on agite près de la tête pour les éloigner. Le modèle qu'on connaît aujourd'hui est créé par un professeur qui, durant un été où sa ville est infestée de mouches, décide de fabriquer une arme pour les éliminer. Il fixe alors un petit morceau de grillage sur un manche, et voilà! Pourquoi du grillage? Parce que les mouches sont sensibles à l'air et qu'elles sentent les objets pleins s'approcher d'elles. Le grillage étant percé, il permet de laisser passer l'air afin qu'elles ne se rendent compte de rien... BZZZzzzzzz... paf!

LE COTON-TIGE (1923)

En voyant sa femme coller de petites boules d'ouate au bout d'un cure-dent pour nettoyer les oreilles de leur bébé, un Polonais a l'idée du coton-tige. Craignant que cet outil pointu ne perce le tympan du petit à cause d'un faux mouvement, il en crée un en carton et s'assure que l'ouate y reste bien fixée. Son nouveau produit fait fureur jusqu'à ce qu'on annonce, plusieurs années après, qu'on ne devrait plus s'en servir. Pourquoi? Parce qu'on dit qu'il pousse la cire au fond des oreilles plutôt que de l'enlever... Oups! Il faudrait peut-être penser à autre chose...

LE YOYO [1929]

On dit du yoyo qu'il est l'un des plus anciens jouets du monde. Il y a très, très longtemps, c'est en observant les caméléons que les Philippins décident de l'inventer comme outil de chasse. Tu connais les caméléons, ces reptiles qui déroulent très vite la langue pour attraper leurs proies ? Au début, le yoyo est fait d'une pierre autour de laquelle on fixe et enroule un long bout de corde. Quand on lance la pierre, on garde l'extrémité de la corde dans la main. Cela évite d'aller toujours la chercher après l'avoir tirée sur une proie. Pratique, quand même ! Au fil du temps, cette arme se transforme en jouet, que tout le monde connaît aujourd'hui !

LA BROSSE À DENTS [1938]

Auparavant, les hommes se nettoyaient les dents avec un simple bout de bois. Après tout, c'est comme un gros cure-dent! Mais comment sait-on cela? Eh bien, parce qu'on a trouvé des instruments de ce genre datant de 5000 ans dans plusieurs tombes en Égypte. Des centaines d'années plus tard, les Chinois inventent une brosse à dents avec des poils de porc attachés à un bout d'os. Hum, ça donne le goût de se laver les dents... Cette dernière a beaucoup de succès même si elle est un peu dure pour les gencives. Puis, finalement, un chimiste crée une fibre beaucoup plus douce, en nylon, qu'on utilise aujourd'hui pour fabriquer les brosses à dents. Fiou!

Youhou !

LE PANIER D'ÉPICERIE [1938]

Un beau jour, le propriétaire d'un supermarché se rend compte que ses paniers d'épicerie sont si petits que les clients ne peuvent pas acheter beaucoup de nourriture à la fois. Logique, non ? Le soir même, en voyant une chaise avec des roulettes, il l'imagine avec une poignée et un panier sur le siège. « Puis, tiens, pourquoi ne pas mettre deux paniers, l'un au-dessus de l'autre ! » se dit-il. Il en fait aussitôt fabriquer quelques-uns pour les tester. Même s'ils fonctionnent bien, les clients sont intimidés et n'osent pas s'en servir... L'homme paye alors des comédiens pour qu'ils fassent semblant de faire leur épicerie avec ces nouveaux paniers. Depuis, tout le monde s'est mis à les utiliser.

LE FOUR À MICRO-ONDES (1945)

Voici une autre découverte qui a été faite par accident. Pendant la Deuxième Guerre mondiale, l'armée américaine demande à un ingénieur de créer un radar pour détecter les sous-marins ennemis. En testant un nouvel appareil, l'ingénieur remarque que la barre de chocolat dans sa poche commence à fondre. Il pense que c'est à cause du magnétron contenu dans le radar, car celui-ci émet des ondes. « Mais ces ondes seraient-elles assez puissantes pour cuire des aliments ? » se demande-t-il. Il essaie donc avec des grains de maïs, qui éclatent aussitôt ! Deux ans plus tard, le four à micro-ondes est au point et, depuis, on en trouve dans presque toutes les cuisines. Fascinant, non ?

LE FRISBEE (1948)

L'idée du frisbee vient à l'esprit de deux Américains lorsqu'ils voient des étudiants se lancer une assiette à tarte... vide, bien sûr ! Comme cette assiette volante est en métal léger, elle s'abîme facilement, et ses bords blessent parfois les doigts quand on l'attrape. Ouch ! Pour remédier à cela, les deux hommes fabriquent un modèle en plastique solide, aux bords arrondis, tel qu'il est aujourd'hui. Cependant, ne sachant trop comment s'y prendre pour faire connaître leur nouveau jeu au public, ils décident de vendre leur idée à un célèbre fabricant de jouets. Celui-ci en distribue gratuitement à tous les élèves de sa région, et le frisbee connaît enfin un grand succès !

Oups...

LE VELCRO [1955]

Si le velcro existe, c'est en partie grâce à la nature, puisque son créateur s'est inspiré d'une plante pour l'inventer. Tu connais les rosettes piquantes, surnommées « tocs », qui collent aux vêtements ? En les observant au microscope, un ingénieur suisse remarque que, si elles collent autant, c'est à cause de leurs nombreux petits crochets. À partir de cela, il fabrique une fixation à deux côtés : l'un muni de minuscules crochets rigides, et l'autre, de petites boucles souples et douces comme du velours dans lesquelles iront se prendre les crochets une fois ces deux côtés réunis. Et pourquoi « velcro » ? Tout simplement pour « velours » et « crochets » !

Hi ha !

LA PLANCHE À ROULETTES [1956]

Un jour, des passionnés de surf qui désirent en faire aussi hors de l'eau prennent une planche de bois et y fixent des roulettes. Ils viennent ainsi d'inventer un nouveau sport. Cool ! La planche à roulettes (le *skate-board*) est une bonne façon de se déplacer tout en exécutant de petites acrobaties, comme sur les vagues. Mais l'intérêt pour ce nouveau jouet ne dure pas très longtemps. Dix ans plus tard, afin de le relancer, des planchistes-vedettes organisent un concours en Californie pour montrer les nouveaux trucs complètement fous qu'il est maintenant possible de faire. Cela fonctionne, et la planche à roulettes redevient un sport populaire... malgré qu'il soit rendu pas mal plus dangereux !

LE FEUILLET AUTOCOLLANT [1970]

L'histoire débute lorsqu'un ingénieur américain faisant partie d'une chorale se tanne de ne pas pouvoir retrouver rapidement ses pages dans son livre de chants. Il y insère des signets et des trombones, mais ils tombent ou brisent ses pages, ce qu'il déteste... Puis, un de ses collègues crée une colle assez forte pour tenir deux bouts de papier ensemble et, en même temps, pas trop forte, afin qu'elles ne se déchirent pas quand on les sépare. «Tiens, tiens, j'ai une idée...» se dit l'ingénieur. Il demande à son collègue un échantillon de colle, qu'il applique sur un bout de papier dont il se sert pour marquer ses pages. Le résultat est parfait, et le feuillet autocollant (le fameux Post-It) vient d'être inventé!

LÉON (2002)

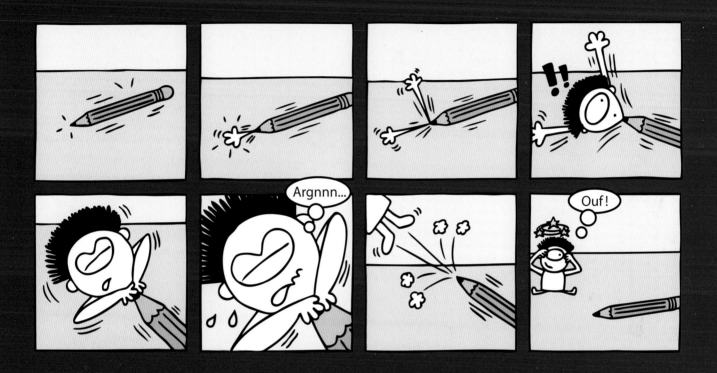

S'il y a une invention dont je suis certaine de l'origine, c'est bien celle-ci ! Léon voit le jour en novembre 2002 grâce aux encouragements d'un ami car, au départ, je doute vraiment de mes aptitudes pour le dessin et l'écriture. Cet ami finit par me convaincre en me disant qu'après tout je n'ai rien à perdre, donc je fonce et tente ma chance. Ce soir-là, le petit cyclope que je me suis amusée à griffonner sur le coin d'une table devient le futur héros de nombreux livres et dessins animés. Comme quoi tout est possible. Et toi, as-tu déjà pensé inventer quelque chose ? Vas-y, essaie, on ne sait jamais !

Les éditions de la courte échelle inc.
5243, boul. Saint-Laurent
Montréal (Québec) H2T 1S4
www.courteechelle.com

Révision :
André Lambert

Conception graphique de la couverture :
Élastik

Muse : Franck Blaess

Dépôt légal, 4e trimestre 2010
Bibliothèque nationale du Québec

La courte échelle reconnaît l'aide financière du gouvernement du Canada par l'entremise
du Fonds du livre du Canada pour ses activités d'édition.
La courte échelle est aussi inscrite au programme de subvention globale du Conseil
des Arts du Canada et reçoit l'appui du gouvernement du Québec par l'intermédiaire
de la SODEC.

La courte échelle bénéficie également du Programme de crédit d'impôt pour l'édition
de livres — Gestion SODEC — du gouvernement du Québec.

Catalogage avant publication de Bibliothèque et Archives nationales du Québec et
Bibliothèque et Archives Canada

Groovie, Annie

        Léon et les inventions

        Pour enfants de 6 ans et plus.

        ISBN 978-2-89651-360-4

1. Inventions - Ouvrages pour la jeunesse. I. Titre.

T48.G76 2010   j609   C2010-941510-8

Imprimé en Chine